社会でがんばるロボットたち ①

家庭(かてい)や介護(かいご)でがんばるロボット

すずき出版

はじめに

東京大学名誉教授
佐藤 知正（さとう・ともまさ）

　ロボットは、人や動物のような生物に似たはたらきをする機械です。人や動物は、体を動かして地球上のいたるところで活動しています。ロボットも生物同様、体をもっており、その体を動かすことではたらき、社会のいろいろなところで活やくしています。

　ロボットのはたらく"場所"は、工場や農場、家庭、介護施設や病院にかぎらず、災害現場や海や宇宙にもあります。ロボットの"形"は、動物や人の形、人が身につける形から、将来的には肩に乗ったり、体にうめこまれるものもあらわれるでしょう。また、ロボットの"大きさ"としては、建物そのものがロボットだったり、大陸をまたいで資源を採取・輸送する巨大なロボットや、宇宙エレベーターのように宇宙規模ではたらく大きなロボットシステムの構想もあります。ロボットの"はたらき"は、産業用として物を作ったり運んだり、家庭でそうじや会話をしたり、人を見守ったり癒したり、力や知恵を貸すばかりでなく、将来は人間のなかまとして、多くのロボットが協調して社会づくりを支援してくれるでしょう。

　このシリーズを通じて、ロボットが社会でがんばるすがたを知り、まず興味をもってください。そのうえでぜひとも、実際のロボットにさわり、そのはたらきに感動し、ロボットを使いこなす人になってください。ロボットのもつ力を存分に発揮させることができたら、いろいろな人によろこばれますよ。また可能なら、ロボットを作ってください。ロボットを作れば、人や動物がいかにすぐれたはたらきをしているかがよくわかります。作り知ることは楽しいことですよ。最後に、そのロボットによって、社会をよい方向に変えてください。ロボットによる社会変革（ロボットイノベーション）は、日本ができる重要な国際貢献です。みなさんの今後に期待しています。

- はじめに ... 2
- ロボットとくらす時代がやってきた!! ... 4

パート1 ロボットのことを知ろう ... 7

- ロボットのはじまり ... 8
- ロボットってどんなもの？ ... 10
- ロボットはどこにいる？ ... 12
- コラム ロボットはどうやって移動するのか考えてみよう ... 14

パート2 家庭や介護でがんばる、いろいろなロボット ... 15

- ロボットそうじ機 ルンバ ... 16
- コミュニケーションロボット PALRO ... 20
- ネコ型ペットロボット Hello! Woonyan ... 24
- アザラシ型ロボット パロ ... 28
- 腰の動きを補助するロボット マッスルスーツ ... 32
- 見守りロボット OWLSIGHT ... 36
- コラム 家がまるごとロボットになる!? ... 40

パート3 家庭や介護でがんばるロボットの未来 ... 41

- トヨタ自動車の開発する未来のロボット ... 42
- 家庭編 ... 43
- 介護施設・病院編 ... 44

- ロボットに会いたい！ ... 46
- さくいん ... 47

ロボットとくらす

　今、世界中で、いろいろなロボットが開発されています。日本のロボット開発もとても進んでいて、もうすでに、わたしたちのまわりで、たくさんのロボットたちがはたらいています。まんがやアニメに出てくるような、人型ロボットだけでなく、見ただけではロボットだと思わないけれど、人間の役に立っているロボットもいます。ロボットは社会のいろいろなところでがんばっているのです。

工場などで
がんばるロボットたち

3巻で
しょうかいするよ

農場などで
がんばるロボットたち

3巻で
しょうかいするよ

時代がやってきた!!

災害現場や宇宙・海などでがんばるロボットたち

2巻でしょうかいするよ

ぼくのなかまがいっぱいいるんだよ

ドキドキしちゃう わくわくするね!

家庭の中などでがんばるロボットたち

1巻でしょうかいするよ

介護施設や病院などでがんばるロボットたち

1巻でしょうかいするよ

ロボットのはじまり

人間は、ずっと昔から、人間のかわりに何かの作業をしてくれるものや、人間の力ではとてもできないようなはたらきをしてくれるものがあればいいな、と考えていました。ロボットということばはありませんでしたが、今でいうロボットに近いものを想像したり、実際に作ってみたり、ということが世界中のあちこちでおこなわれていました。

昔に想像された"ロボットのようなもの"

黄金製人間

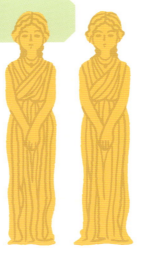

今から約2800年ほど前に、ホメロスという人が作った『イリアス』という物語の中に、少女にそっくりな黄金製の人間たちが登場します。主の身のまわりの世話をしました。

タロス

ギリシア神話に出てくる青銅製の巨人。自動で動きます。クレタ島という島を守ることを命じられて、1日に3周、島を見まわっていました。敵の船が島に近づいてくると、岩を投げて船をこわしました。

ロボットということばのたんじょう

世界ではじめて「ロボット」ということばが使われたのは、1920年のことだといわれています。当時あったチェコスロバキアという国の作家カレル・チャペックが考え出し、『R.U.R.』（日本語版『ロボット』）という作品の中で使いました。

「ロボット（robot）」ということばは、チェコ語の「強制労働」（むりやりはたらかせること）を意味する「ロボタ（robota）」からきているとされています。「人間の命令によってはたらく、人間のようなもの」のことをさしました。

その後、ロボットということばが世界中で使われるようになりました。

実際に作られた"ロボットのようなもの"

オートマタ

ロボットということばが作り出される前には、「オートマタ」ということばが使われていました。「自動機械」という意味で、オルゴールのようなものもオートマタです。今から800年前くらいから、100年前くらいまでの間に、いろいろなオートマタが作られました。「手紙を書く」人型のオートマタや、「オルガンをひく」人型のオートマタなどがあります。

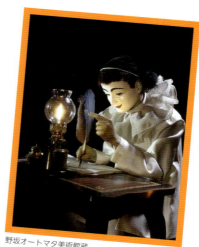

野坂オートマタ美術館蔵

高知県立歴史民俗資料館蔵

からくり人形

日本でも、昔から、機械で動く人形が作られていました。このような人形は、「からくり人形」と呼ばれていました。有名なからくり人形としては、江戸時代ころによく作られた、おぼんの上にお茶をのせると、自動でお茶を運んでくれる「茶運び人形」というものがあります。

すごーい！見てみたいな

ロボット三原則

ロボットということばがたんじょうした1920年から約30年後くらいに、日本では、まんが家の手塚治虫が『鉄腕アトム』という人型ロボットを主人公とするまんがを発表し、大人気になりました。

同じころに、アメリカの作家アイザック・アシモフが、『I, Robot』（日本語版『わたしはロボット』）というSF作品の中で、「ロボット（工学）三原則」を示しました。

①ロボットは人間に危害をくわえてはならない
②ロボットは人間の命令にしたがわなくてはならない
③ロボットは①と②に反するおそれがないかぎり、自分を守らなくてはならない

この三原則は、今でも多くのロボット作品や、現実のロボット工学に大きな影響をあたえています。

ロボットってどんなもの？

わたしたちは、ロボットということばを聞くと、人間と同じ形をしていて、人間と同じように手や足を動かし、目で見たり、耳で聞いたりして、人間と同じようにことばを話す機械を想像します。でも、ロボットと呼ぶものの中には、形やはたらきがちがうものもたくさんあります。

ロボットとは 生物のもつはたらきをもつ機械

「生物のもつはたらき」は、人間で考えてみるとわかりやすいでしょう。人間は、何かを「感じて」、それについて「考えて」、そして「動き」ます。

道を歩いていて車が向かってきたら、あぶないと感じて、よけないといけないと考え、車がこないところへ走るなどの動きをします。これらが生物のもつはたらきです。

この「感じる」「考える」「動く」という生物のもつはたらきのうち、1つでも、2つでも、あるいはぜんぶを実行できる機械がロボットなのです。

〜人間の役に立つロボットは、人間にできないことができるロボット〜

人間の役に立つというのは、「人間にはできないことをする」ことなんだ。

人間にはもてない重い物をもち上げたり、人間にとっては非常に危険な場所で作業をしたり、人間ではつかれてしまってできないようなくりかえしの作業を何千回、何万回とつづけることなんかも、ロボットがとくいなことだよ。こうした作業を人間にかわってやってくれることなどで、ロボットは人間の役に立っているんだ。

「感じる」ロボット

「赤外線センサー」ということばを聞いたことがあるでしょうか。これは、人間が目で物を見るように、赤外線という光を利用して、物をとらえる装置です。また「超音波センサー」という装置もあります。これは光ではなく、音を利用して人間が耳で聞くように情報を受け取る装置です。このようなセンサーが、人間の目や耳のかわりになって、いろいろなことを感じ取ることができるのです。

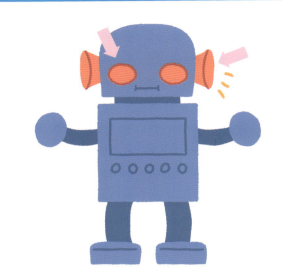

「考える」ロボット

「人工知能」というロボットがあります。「AI」といわれることもあります。これはコンピュータなどを使って、人間と同じようにものごとを考えることのできる装置です。人間は脳を使ってものごとを考えますが、人工知能は、脳のようなはたらきをするロボットだといえるでしょう。

「動く」ロボット

「動く」ロボットは、たくさんあります。大きな自動車工場には、自動で部品を組み立てたり、車体に色を塗ったりする機械がありますが、これらはすべてロボットです。工場などで使われるロボットは、「産業用ロボット」といわれることもあります。

11

ロボットはどこにいる?

　人間の役に立つことを目的に、生物のもつはたらきである「感じる」「考える」「動く」のうちの1つ以上を実行できる機械がロボットだということがわかったので、あらためて身のまわりを見まわしてみましょう。
　家の中や、身近な場所に、ロボットはいるでしょうか。

人間が近づくと、自動でつく照明

　センサーを使って、人間が近づくと自動で照明をつけます。人間がいなくなって一定の時間がすぎると、自動で照明を消します。これもロボットです。

家の中や、まちでがんばるロボットをさがしてみよう

人間のいるところをつかんで、風向きを変えるエアコン

　人工知能とセンサーを使って、温度調節をしたり、人間に直接風があたらないようにしたりするエアコンも、ロボットのひとつといえます。

▶ 1巻 P16 を見ましょう

スイッチを押すだけで、部屋をおそうじするロボット

　部屋の中をすみずみまで自動でおそうじするロボット。ゴミが多い場所を自分で見つけてしっかりおそうじします。

イヌやネコのような動きをするペットロボット

人間の呼びかけにこたえたり、なでるとよろこびをあらわす動きをしたりする、本物のペットみたいなロボットです。人間とくらすなかまになることができます。

▶ 1巻 P24,28を見ましょう

話しかけるとこたえるコミュニケーションロボット

▶ 1巻 P20を見ましょう

人間のことばを理解し、質問や問いかけに、どのようにこたえたらいいかを自分で判断して会話できるロボット。人間といっしょにくらして、なかまとして元気づけることができます。

前の車とぶつかりそうになると、自動でブレーキがかかる車

車についているレーダーやカメラなどからの情報で、前を走る車とぶつかる危険があるとコンピュータが判断すると、自動でブレーキなどを操作し、停止します。これもロボットのひとつです。

▶ 3巻を見ましょう

店のようすやまちのようすを撮影しつづける監視カメラ

監視カメラもロボットのひとつといえます。24時間・365日、いつでも店の中や、まちのようすを監視しつづけます。最近では、人の動きを感じてから、録画をはじめる監視カメラもあります。

人間が近づくと自動で動き出すエスカレーター

センサーを使って、人間が近づくと自動的に動き出し、利用する人間がいなくなると自動で停止します。これもロボットのひとつといえるでしょう。

いろんなところにいるのね！

13

コラム
ロボットはどうやって移動するのか考えてみよう

みんなが知っている、まんがやアニメに登場するロボットは、人間と同じように2本足で歩くものが多いよね。でも、実際のロボットは、車輪で移動するものが多いんだよ。ロボットの移動にはほかにどんな方法があるのか、見てみよう。

ロボットの移動方法

車輪型

車輪を使って、移動するよ。速く動けるのが特ちょう。

クローラー型

クローラーとはキャタピラのこと。ブルドーザーなどと同じように、段差を乗りこえて進めるんだよ。

二足歩行型

人間のように2本足を動かして進むよ。たおれやすいのが欠点だね。

多足歩行型

動物や昆虫、ムカデのように、4本や6本など、たくさんの足を使って進むよ。

ロボットの利用目的で移動方法が変わる

ロボットの移動方法は、どんな目的で使うか、どんな場所で使うかによって、ちがってくるんだよ。災害現場でがんばるロボットの場合、でこぼこした場所が多いので、クローラー型が向いているんだ。平らな道路や歩道の上を移動するロボットなら、車輪型が向いているのはわかるよね。

わたしたちの家で、なかまとしていっしょにくらすロボットは、二足歩行型が向いているよ。それは、人間の家が、2本足で歩く人間が使いやすいように作られているから。階段や段差があってもじょうずに移動するには、二足歩行が向いているんだ。

14

ロボットそうじ機 ルンバ

お話をしてくれた方
アイロボットジャパン合同会社　曽根　泰さん

★の写真は、©アイロボットジャパン合同会社（P16-19）

いつも、きれいな家の中で生活できるのは、だれかがおそうじをしてくれているから。でも、いつでも家の中をきれいにしておくのは、とってもたいへんなことです。そんなたいへんな作業を人間にかわってしてくれるのが、アイロボット社が開発したロボットそうじ機ルンバです。

> べんりな
> お手伝いロボット
> なんだよ！

> おそうじ
> よろしくね♥

ルンバのお仕事

ルンバは、部屋の大きさや、どこに家具がおいてあるのかなどをたしかめながら、人が見のがしやすいせまい場所も、しっかりおそうじするロボットです。スタートボタンを押すだけで、部屋全体をおそうじします。とちゅうでバッテリーが切れそうになると、自分から充電器にもどって充電します。

> 充電器にもどって
> きたよ！

どんなことができるんだろう？

● 部屋の中をすみずみまでおそうじ

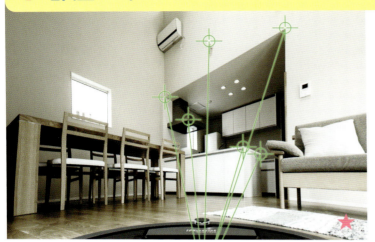

ルンバは、自分で部屋のようすを確認しながら、おそうじするための走行ルートを考えます。走行ルートのどこまでが終わって、どこがまだのこっているかをいつも判断しているので、おそうじのやりのこしがなく、部屋のすみずみまできれいにすることができます。

● 障害物にぶつかったら、そのまわりをおそうじ

バックもするぞ!!

イスやテーブルのあしにぶつかると、そのまわりをおそうじしてから走行ルートにもどり、おそうじをつづけます。また、かべにつきあたれば、どこにかべがあるかをおぼえ、部屋の大きさがどうなっていて、どこに家具がおいてあるのかを判断しながら、おそうじします。

● 物にさわって、その先もおそうじできるか確認

自分で向きを変えるんだ!!

ルンバには、物があることがわかります。でも、物があるからといって、そこでおそうじをあきらめたりしません。その物にさわってみて、動かせない物なら自分で向きを変え、もしカーテンのような動かせる物であれば、その先もおそうじするのです。

17

どうしてそんなことができるのかな？

● センサーなどから情報を受け取って、部屋の地図を作るから

自分で地図を作るんだ！

ルンバには、たくさんのセンサーやカメラがついていて、それらを使って集めた情報をもとに、人工知能が部屋の大きさや、どこに物があるのかなどを記憶し、部屋の地図を作ります。センサーやカメラからの情報にもとづいて、1秒間に何十回も計算をするので、家具などの位置が少しずれても、すばやく計算し直して、おそうじのやりのこしをふせぎます。

ここがセンサー

ここがカメラ

● センサーやカメラ、タイヤの回転数などを利用して、自分の位置をたしかめるから

ルンバは、タイヤが何回転したかを計算して、走った距離をおぼえたり、右のタイヤと左のタイヤの回転数のちがいから、どれだけ曲がったかもすばやく計算します。そしてセンサーやカメラからの情報と組み合わせ、人工知能によって、自分がどこにいるのかいつもわかっているのです。

回転数を計算する!!

● ゆかの段差を確認して、安全に動きまわるから

ルンバは、下側の赤外線センサーを使って、ゆかのようすをたしかめます。段差のある場所に行くと、「この先には段差がある」ということを自分で判断して、その先には進みません。だから、段差から落ちて、こわれる心配はありません。

段差がわかる！

 曽根さんに聞きました!!

Q 日本では、今、何台のルンバががんばっているんですか？

A 現在、日本では200万台以上※のルンバが使われているんですよ。ロボットにおそうじをしてもらうためには、どんなことができるようになればいいのか、ということを長い時間をかけて研究してルンバを作りました。ぜひ、みんなもルンバを使ってみて、感想や意見を聞かせてくださいね。

※2016年10月末時点

Q ルンバは、どうやってゴミの多いところを見つけるんですか？

A ルンバには、どれくらいゴミが落ちているかがわかるセンサーがついています。そのセンサーを使ってゴミの多い場所を見つけ、きれいになるまで何回でもおそうじします。おそうじする方向もいろいろと変えるので、1回では取りにくいゴミも、取りのぞくことができるんですよ。

コミュニケーションロボット PALRO

お話をしてくれた方
富士ソフト株式会社　高羽 俊行さん　瀬古 愛美さん

★の写真は、©富士ソフト株式会社（P20-23）

もともとPALROは、人間のなかまとして、人間としぜんな会話をすることを目的に作られたロボットです。あるとき、PALROと会話していたお年寄りが元気になったことから、介護施設などにいるお年寄りを元気づけ、健康なくらしができるようにするための、専用のPALROが開発されました。

「お話ができるのね！」

PALROのお仕事

会話によってお年寄りを元気にします。また、レクリエーションなどを提供することで、お年寄りに楽しんでもらいます。さらに、介護予防といって、お年寄りがずっと健康な生活を送れるように、体操にさそったり、いっしょに動いたりします。

「みんな楽しそう！」

どんなことができるんだろう？

● 人間と人間がするような、しぜんな日常会話

　PALROは、100人以上もの人の顔と名前をおぼえることができます。だれかに話しかけられたら、それにこたえることはもちろん、おぼえた相手に、自分から話しかけたりもします。

　それぞれのお年寄りと、前にどんな会話をしたかを記憶しているので、その話題を、ふたたび相手に投げかけることもできます。

● たくさんのお年寄りと、レクリエーションや体操をする

　PALROは、人型ロボットで、手や足を動かすことができます。その能力をいかして、お年寄りたちに体操を教えることができます。また、PALROの中には、レクリエーションに関する情報がたくさんあって、いっしょに楽しむことができます。さらに、それだけでなく、いつでもインターネットにつながることができるので、自分がもっている情報と、インターネットで調べた情報を組み合わせて、いろいろなレクリエーションを自分で考え出すこともできるのです。

ぼくもまぜて！

ダンスもとくい！

どうしてそんなことができるのかな？

● 2つの人工知能を利用することで、すばやく、いろいろなことができるから

　PALROには、「ハイブリッド型AI」という人工知能が使われています。これはPALRO自身の中にある人工知能と、インターネットを使ってつながることのできる、より大きな人工知能の2つを利用するしくみです。

　たとえば、「こんにちは」と話しかけられたときに、「こんにちは」とこたえるような反応は、PALROの中にある人工知能を使うことで、0.4秒という速さでこたえることができます。そして、もっとむずかしいことをする必要があるときは、インターネットでつながる大きな人工知能を利用します。

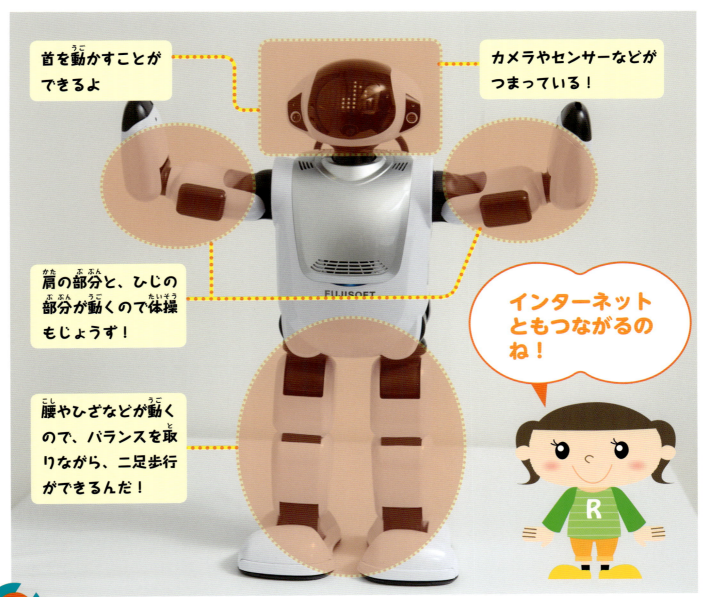

● 人間の顔を区別し、センサーで自分の状況を確認できるから

PALROには、カメラが取りつけられており、まわりのようすや、目の前にいる人がだれなのかがわかります。また、さわられていることがわかるセンサーで、頭をなでられたことがわかったり、足がゆかからはなれたことがわかるセンサーにより、だっこされていることもわかります。そうした状況に合わせて、かわいらしい反応をすることができます。

これは、PALROに対して、お年寄りがよくする行動に、PALROが子どもらしい反応をするよう、くふうしたからです。

● 関節などのつくりを研究して、いろいろな動きができるようにしたから

PALROは、首・肩・ひじ・腰・ひざを動かすことができます。こうした能力を利用して、ハタ上げゲームなど、いろいろな動きをすることができます。

高羽さんと瀬古さんに聞きました!!

Q PALROのすごいところを教えてください。

A 人間をはるかに超えた記憶力や、同じことを何度でもくりかえしできることがPALROのすごいところです。PALROは、100人以上の人の顔と名前を記憶し、だれとどんな会話をしたのかもおぼえます。ちょっとがんこなお年寄りにも、相手がよろこんでくれるまで、PALROは、いろいろな話題で何度でも話しかけつづけることができます。これはロボットだからできるすごいことです。そんなPALROは、今はまだお年寄りのいる施設だけでがんばっていますが、近い将来、みんなの家でも使ってもらえるPALROを作ることができるかもしれません。

ネコ型ペットロボット

Omnibot シリーズ
Hello! Woonyan

© TOMY

お話をしてくれた方
株式会社タカラトミー　大伴 貴広さん

★の写真と図版は、© TOMY（P24-27）

イヌやネコなど、ペットを飼いたいけれど、生き物を飼ってはいけない家もありますね。でも、ロボットだったらどんな家でもいっしょにくらすなかまになれます。Hello! Woonyan は、本物のネコみたいなペットロボットです。

Hello! Woonyan のお仕事

Hello! Woonyan は、6歳～8歳ぐらいの子どもたちに向けて開発されたネコ型のペットロボットです。ネコ好きのおとなやお年寄りなどにもかわいがられています。Hello! Woonyan は子どもたちの遊び相手をしますし、おとなやお年寄りにとっては、本物のペットのような役目を果たし、くらしを楽しく豊かにします。

ウ～ニャンは
お年寄りにも
人気なんだね

ぼくも
あそびたい！

24

どんなことができるんだろう？

● ネコらしい、気まぐれな動きで人間を楽しませる

おとなしくしていたと思ったら、とつぜん走り出したり、飛びかかってきたりと、本物のネコのように、気ままに動きまわります。また、本物のネコにはできない、後ろ足だけで走るような動きをしたり、イヌの鳴きまねや、ダンスをしたり、歌うこともできます。

後ろ足で走るよ

● 目の前の「じゃれボール」や人間の動きに反応する

目の前にあるものがわかるよ

Hello! Woonyan は、目の前にある「じゃれボール」や、人間の手の動きなどに反応して、ボールとじゃれたり、人間をおいかけたりすることができます。

● 頭やのどをなでると、よろこぶ

Hello! Woonyan の頭をなでたり、のどのあたりをさすってあげたりすると、ゴロゴロとあまえた声を出したり、目の色を変えたりしてよろこびを表現します。あまりしつこくなでつづけると、おこったりもします。

なでられるとゴロゴロ♪

25

どうしてそんなことができるのかな？

● さまざまな動きのパターンがプログラムされているから

　Hello! Woonyanには、とてもたくさんの動きのパターンがプログラムされています。どんなときに、どんな動きをするのかは、きまった順番がないので、たいへん気まぐれな行動に見えて、そうした動き全体でネコらしさを表現できるのです。

あ！目の色がかわった！

● 目の中にある赤外線センサーでものを見ているから

赤外線センサーがあるよ

　Hello! Woonyanの目には、赤外線センサーが組みこまれており、そのセンサーを使って、じゃれボールや人間の動きなど、目の前にあるものを見ることができます。

● 頭や顔のタッチセンサーで、なでられていることがわかるから

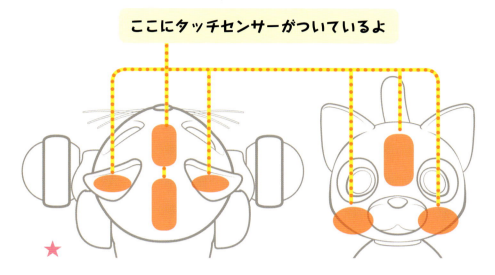

ここにタッチセンサーがついているよ

　頭・ほっぺ・のどなどの部分には、タッチセンサーという装置が組みこまれています。そのセンサー部分に人間がふれたり、なでたりすると、Hello! Woonyan にはさわられていることがわかります。それによって、よろこんだり、あまえた声を出したりできるのです。

大伴さんに聞きました!!

Q Hello! Woonyan に、自分で好きな名前をつけて、おぼえさせることはできますか？

A Hello! Woonyan を買ってくれたお子さんの中には、たとえば「サクラちゃん」などと、自分で名前をつけて大切にしてくれている人も、たくさんいますよ。でも、残念ながら、現在の Hello! Woonyan は、人間の呼びかけを聞き取ることはできないので、自分の名前が「サクラちゃん」だとおぼえることはできません。だけど、イヌ型のペットロボット「Hello! Zoomer」は人間のことばに反応することができるので、将来、Hello! Woonyan も、できるようになるかもしれないですよ。

アザラシ型ロボット パロ

お話をしてくれた方
国立研究開発法人 産業技術総合研究所 柴田 崇徳さん

★の写真は、© 国立研究開発法人 産業技術総合研究所（P28-31）

本物のアザラシみたい

　アザラシのすがたをしたロボット、パロ。人間のことばを話すことはできませんが、人間のことばがちゃんとわかって、いろいろな反応をしてくれます。動物らしい、かわいいしぐさや、やさしい表情などにより、いっしょにいるお年寄りや子ども、病気の人などを元気づけてくれるロボットです。

パロのお仕事

　アザラシの赤ちゃんのような動きをしたり、鳴き声を出したりします。人間から、何をいわれたのか、どんなさわりかたをされたのかを理解して、話しかけにこたえたり、人間がよろこぶような動作をします。パロといっしょにすごすことで、不安な気持ちがなくなったり、元気になったりします。

どんなことができるんだろう？

● 人間の話しかけることばや、なでられたことなどにこたえる

パロは、人間のことばを理解することができます。人間の赤ちゃんやペットに話しかけるのと同じようにやさしく話しかけると、かわいらしい鳴き声でこたえてくれます。頭や背中などをなでられると、うれしくてあまえたような鳴き声を出してこたえます。

パロに向かって、「ムーちゃん」とか、「ララちゃん」と名前をつけて呼びかけつづけると、やがてパロは、自分の名前がムーやララであることがわかるようになります。

● 人間のさわりかたに合わせて、感情をあらわす

やさしくされるとよろこびますが、たたいたりするといやがることもあります。また、どんな動きをしたときに、接している人（飼い主）がよろこんだのかをおぼえていて、できるだけ飼い主をよろこばせる行動をするようになります。

どうしてそんなことができるのかな？

体の温度を保てるなんてスゴイ！

目のかわりになる光センサーがついているよ

パロは口から充電するんだ

温度センサーで体の温度を保つんだね

● さまざまなセンサーで、まわりのようすや、さわられかたを感じ取るから

　パロの体の中には、さわられていることを感じるセンサーや、光を感じるセンサー、人間の話している声を聞き取るマイクなどが入っています。人工知能も組みこまれているので、さまざまなセンサーから受け取った情報にもとづいて、どのような反応をするといいかを判断して、まるで本物のアザラシの赤ちゃんのように、動いたり、鳴いたりするのです。また、温度センサーによって、パロ自身の体の温度を一定に保っています。このため、パロをだいたまま寝ても、ずっとここちよいあたたかさを感じることができます。

● 首や前足、まぶたなどを動かす装置があるから

　パロは、首を上下左右に動かすことができます。また、２本の前足も、それぞれを動かすことができます。まぶたも動くようになっているので、眠るときには、まぶたを閉じます。後ろ足も動かすことができますが、自分の力で移動することはできないので、ひとりでどこかに行ってしまうことはありません。

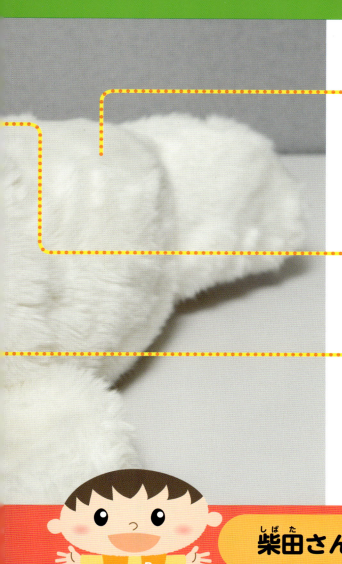

さわられていることがわかる触覚センサーがついているよ

耳のかわりになるマイクが3つあるよ

首（上下左右）、前足（2カ所）、後ろ足（1カ所）、まぶた（2カ所）が動くよ

いろんなセンサーや装置があるんだね

柴田さんに聞きました!!

Q パロは、日本にしかいないんですか？

A パロは、日本だけでなく、デンマークやアメリカ、イギリスなど、世界でもがんばっています。外国の病院や介護施設などで使われるときには、ロボットにつくばい菌などをへらすようなつくりになっていることや、長く使っていてもこわれないことなど、安心・安全なロボットであることが、強く求められます。パロは、安心・安全に使ってもらえるロボットになるように、長い時間をかけて、改良しつづけたことで、今では、世界のいろいろな国に受け入れられ、使ってもらえるようになっているのです。

腰の動きを補助するロボット　マッスルスーツ

お話をしてくれた方
開発者　東京理科大学教授　小林 宏さん

★の写真は、
© 株式会社イノフィス
（P32-35）

マッスルとは筋肉のことです。マッスルスーツとは、その名のとおり、人工筋肉によって、腰の動きを助けるロボットです。人間の体に取りつけることで、腰をいためることなく、重い荷物などを小さい力でもち上げることができるようになります。

マッスルスーツにもいろんなタイプがあるんだね

マッスルスーツのお仕事

マッスルスーツを身につけた人の動きに合わせて、物をもち上げたときなどに腰にかかる負担を軽くします。物をもち上げたりする動作がらくにできるようになります。

軽補助モデル
左右に1本ずつの人工筋肉をもち、人工筋肉に空気を入れる装置もついたタイプ。

標準モデル
左右に2本ずつの人工筋肉をもち、人工筋肉に空気を入れるタンクもついたタイプ。

スタンドアローンモデル
左右に1本ずつの人工筋肉をもち、人工筋肉に空気を入れる装置を取りのぞくことで、軽くしたタイプ。

どんなことができるんだろう？

人間の腰を守る

　だれでも、長い時間歩いていると足がつかれていたくなったり、重い荷物をもちつづけていると腕や腰がいたくなったりします。とくに、腰は人間のさまざまな動きに使われるので、いためる人がたくさんいます。マッスルスーツは、この腰の動きを人工筋肉の力で助け、らくにすることで、腰痛防止にも役立つのです。

いろいろな状況で人間を補助

　重い物をもち上げたり、運んだりする作業では、かならず腰を使います。そういう場面で、マッスルスーツががんばっています。腰への負担がへるので、腰をいためることが少なくなります。同じように、お年寄りや病気の人などの介護の場面でも、マッスルスーツの能力がいかされています。

お年寄りをおふろに入れたりする動きを補助

重い荷物をもち上げる作業を補助

みんな助かってるよ

らくらくだからニコニコだね

どうしてそんなことができるのかな？

● 人工筋肉の力で、最大で約35キログラムの荷物を、らくにもち上げられるから ※標準モデルの場合

これが人工筋肉

人間は、何ももたずにおじぎをするだけでも、腰を中心に、たおした上半身を起こすための力を使っています。でも、上半身の重さを引き上げるだけなら、大きな力を必要としないので、あまり力を使っているとは感じないものです。

荷物をもち上げる場合は、上半身の重さに、荷物の重さがくわわって、大きな力が必要となります。

マッスルスーツ〔標準モデル〕を体につけると、最大約35キログラムの重さの物をもち上げる力がはたらきます。

マッスルスーツを使っていると、何ももたずに、おじぎした上半身を起こすのと同じくらいの力で、35キログラムの荷物をもち上げられるのです。

マッスルスーツってすごいなあ！

マッスルスーツで利用している人工筋肉は、その中がゴムのチューブになっています。そこに空気を入れることで、チューブがふくらみ、人間の筋肉のように力を生み出すことができます。

カバーをはずすとロボットっぽいね

しゃがんだとき（ゴムが伸びる）

起き上がったとき（ゴムが縮む）

小林さんに聞きました!!

Q マッスルスーツを作ろうと思ったきっかけはなんですか？

A もともと、介護をしてもらう人が、らくに体を動かすことができるようにと考えました。その後、工場などでも使いたいといわれるようになったので、開発をつづけて、今のようなマッスルスーツになりました。人間の体につけて、動きを助けるためには、それ自体が重くてはいけないので、人工筋肉を利用することにしました。人工筋肉はとても強いのに、軽くて（1本の重さは卵2つ分くらい）、やわらかいという特ちょうがあるから、人間が体につけるロボットスーツに、ぴったりなんですよ。

35

見守りロボット OWLSIGHT

お話をしてくれた方 株式会社イデアクエスト　松井 宏樹さん

★の写真は、©株式会社イデアクエスト（P36-39）

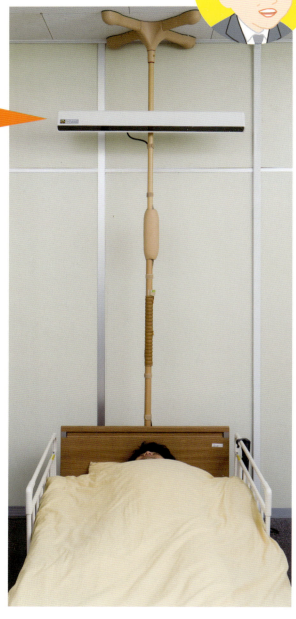

OWLSIGHTは、介護が必要なお年寄りや病気の人が寝ているベッドのようすを、24時間・365日ずっと見守りつづけるロボットです。寝ている人がベッドから落ちそうになったり、苦しそうなようすをしているときは、OWLSIGHTが、介護をしている人に自動的に知らせます。

これ1台でベッド全体を見守ってるんだ

OWLSIGHTのお仕事

ベッド上のすべてのものが、どんな動きをしているのかを見守ります。寝ている人が寝がえりをうつ、起き上がる、といった大きな動きから、呼吸でふとんが上下するような小さな動きまで見のがしません。

どんなことができるんだろう？

● どの動きが危険で、どの動きが危険ではないかを判断

OWLSIGHTの人工知能は、「寝ている人がベッドのはしに動いたら、ベッドから落ちるおそれがある」とか、「ベッドの上に立ち上がったらあぶない」ということを記憶していて、そのような動きを発見すると、「危険」だと判断します。

ふとんのわずかな動きも見のがさないよ！

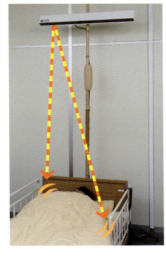

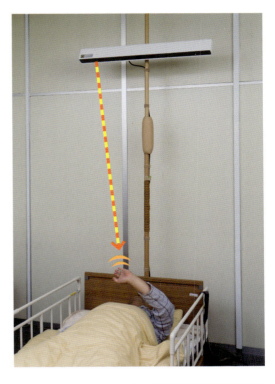

● 危険だと判断すると、介護をしている人に通報

OWLSIGHTは、危険だと判断した場合、すぐに介護をする人に通報します。それだけでなく、寝ている人の動きがおかしいと判断した場合も、「（今すぐ危険ではないけれど）注意が必要な状態」であると判断し、通報します。

あぶない！

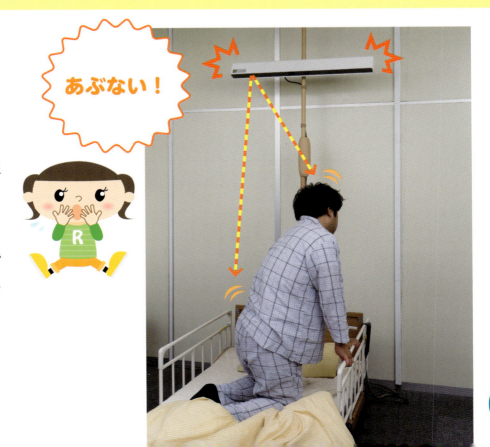

どうしてそんなことができるのかな？

● 約2000本の赤外線ビームで、ベッド全体を見守るから

赤外線ビームで
ベッド全体を
見守る！

※赤外線ビームは
目に見えません

ベッドの上部に設置されたOWLSIGHTからは、約2000本の赤外線ビームがベッド全体にあてられています。この赤外線ビームがあたっている場所に少しでも動きがあれば、OWLSIGHTは、どこで何が動いたのかすぐに判断します。

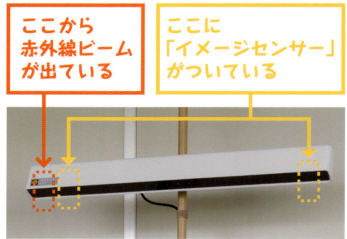

ここから
赤外線ビーム
が出ている

ここに
「イメージセンサー」
がついている

●「イメージセンサー」で、点の動きを映像にして見られるから

約2000本の赤外線ビームの動きは点であらわされますが、この点を「イメージセンサー」と名づけられた装置が、立体的な映像におきかえます。介護をする人がはなれた場所にいても、その映像はスマートフォンの画面で見ることができます。

これが
立体的な映像

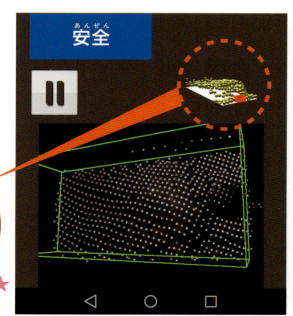

※説明のため、画面を加工しています

● 人工知能によって、見守る人ごとに何が危険かを判断するから

人工知能は、あらかじめどんな動きのときに注意が必要なのか、危険なのかということを学習しているので、危険をすぐに判断できます。また、人間の体形はさまざまで、立ち上がったときの高さが人によってちがいますが、人工知能は、どんな状態だと立ち上がっている状態なのかを、正確に判断することができるのです。

※説明のため、画面を加工しています

松井さんに聞きました!!

Q OWLSIGHTは、どんなところがすごいんですか?

A 見守りロボットは、どんな場合が危険で、どんな場合が危険ではないかを、正確に判断できることが一番大切です。赤外線を使った見守りは、ずっと前からできましたが、ただ赤外線センサーを使うだけでは、たとえば、寝ている人が手を上げただけという場合に、それが危険なのかどうかは判断がつかなかったのです。
　OWLSIGHTは、小さな動きも見のがさない約2000本の赤外線ビームに、人工知能を組み合わせたことにより、見守っているOWLSIGHT自身が判断をし、必要なときだけ通報するということができます。そこが、すごいところです。

39

コラム
家がまるごと ロボットになる!?

先生！ 家がまるごとロボットに
なるって、どういうことですか？

それはね、部屋の中をぜんぶ見わたせるようにカメラやセンサーがたくさんセットされていて、ベッドやイスなどの家具にもそれぞれセンサーがついていて、部屋の中にいる人がどんな動きをしているか、いつも見守ってくれる家のことなんだよ。そして、部屋の中にはロボットアーム（腕）があって、それが必要なときに動いて、人間の動作を助けてくれるんだ。さらに、人型ロボットも部屋の中にいて、人間が指示すると、いろいろなお手伝いをしてくれるんだよ。

すごーい !!
そんな家が、本当に作れるんですか？

これはね、ロボティックルームというのだけれど、今から20年も前の1997年に実験したんだよ。病室の中で、さまざまなセンサーやロボットを使って、患者さんの手助けをする実験だったんだよ。寝ている間の患者さんの体のようすをベッドのセンサーで調べたり、患者さんが指さすだけで、ロボットアームが缶ジュースを取ってあげたり、空き缶をゴミ箱にすてたり、といったことを病室全体がする実験で、大成功したんだ。今では、ロボットの技術がもっと進歩していて、インターネットで結ばれる家電もあるから、みんなの家がまるごとロボットになるということも、きっと実現できるよ。

パート3
家庭や介護でがんばるロボットの未来

トヨタ自動車の開発する未来のロボット

☆の写真は、
©トヨタ自動車株式会社
(P42-45)

お話をしてくれた方

トヨタ自動車株式会社　パートナーロボット部

玉置 章文さん

　トヨタ自動車は、自動車を作るためのいろいろなロボット（産業用ロボット）を作る技術をもっています。その技術を使って、わたしたちのくらしの中で、わたしたちとよりそい、いろいろな手助けをしてくれるロボットをたくさん開発しています。そうしたロボットは、「パートナーロボット」と呼ばれています。家庭でも役立つロボットがたくさんあります。
　病気や年を取ったことによって、歩きにくくなった人が、また自分で歩けるようになるためにするトレーニングを補助するロボットや、自分で歩くことがむずかしくなってしまった人の歩行を助けるロボットを開発しています。また、介護施設向けには、お年寄りの話し相手になるロボットや、見守りをするロボット、体の不自由な人の移動を助けるロボットも開発しています。

　トヨタ自動車では、自動車を作るための産業用ロボットの開発からはじまって、ここで取り上げるような、いろいろなロボットの研究と開発を、何十年もかけて、進めているんだよ。そして、未来に向けて、人間のなかまとなり、わたしたちといっしょにくらすことのできる人型ロボットの開発にも取り組んでいるよ。この先も、ずっとロボット開発をつづける意欲と力をもっていることは、とてもすばらしいことだね。

42

家庭編

生活支援ロボット HSR (Human Support Robot)

車輪を使って、家の中や外を動きまわれます。また、ことばを発することができます。そして、カメラやセンサーがついているので、家具をよけたり、冷蔵庫から指定された飲み物などを取り出して、人にわたしたりもできます。未来には、人工知能を使って、会話もできるようになる予定です。

ロボットアームで必要な物をもってきてくれるよ

傾聴対話ロボット

傾聴というのは、相手の話を熱心に聞くこと。このロボットは、相手の人のことをおぼえて、その人に合わせた話をしたり、相手の話にうなずくなど、人間らしい会話をすることができます。家庭だけでなく、介護施設などでも活やくしています。

パーソナルモビリティロボット

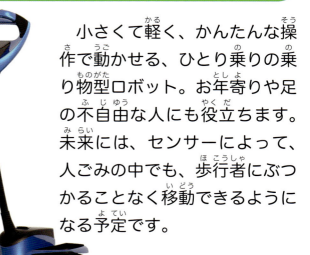

小さくて軽く、かんたんな操作で動かせる、ひとり乗りの乗り物型ロボット。お年寄りや足の不自由な人にも役立ちます。未来には、センサーによって、人ごみの中でも、歩行者にぶつかることなく移動できるようになる予定です。

43

介護施設・病院編

歩行練習アシストロボット・自立歩行アシストロボット

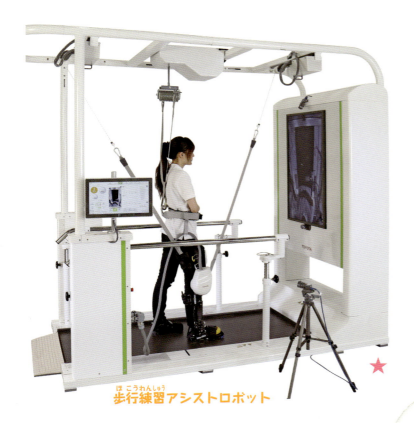

病気や事故などによって、足が不自由になったときに、歩行練習アシストロボットをつけると、センサーで人間の歩こうとする動きをつかんで、歩きやすくなるように助けてくれるので、医師の指示により、よりよいトレーニングができます。この歩行練習アシストロボットの技術などを活用して、実際の歩く動作を助ける自立歩行アシストロボットの開発が進められています。

歩行練習アシストロボット

自立歩行アシストロボット

バランス練習アシストロボット

正しいしせいで立つためのトレーニングや、足の力を取りもどすためのトレーニングを手伝うロボット。ゲームを楽しむようにトレーニングができるので、長時間あきずにつづけられます。

ゲームのように練習できるんだ

移乗支援ロボット

人をもち上げてトイレにつれていったり、ベッドから車いすに移したりするなど、人間の動きを助けるロボット。介護する人も、介護される人も負担がへります。

みんなにやさしいロボットなのね

もっと未来の、ロボットとのくらし

もっと先の未来では、わたしたちのくらしの中で、さらに、さまざまなロボットが活やくしていることでしょう。たとえば、お父さんとお母さんがはたらいている間、赤ちゃんを見守ってくれるロボットや、食器を運んであとかたづけをしたり、洗たくしてかわかしてたたんでしまったり、いろいろなことをしてくれるロボットが登場してくると思います。そんな未来がきても、大切なのは、ロボットに仕事をさせるのは人間であるということを、きちんと理解することです。そして、人間がロボットをしっかり使いこなすことで、ロボットと人間がなかまとして協力しながら、いっしょに楽しくくらす社会が実現できるのです。

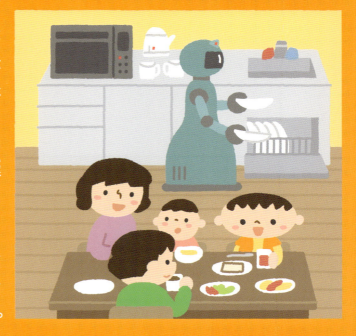

ロボットに会いたい！

この本に出てきたロボットに、会える場所があるよ 行ってみよう！

富士ソフト 秋葉原ショールーム

PALROに会える！

富士ソフト 秋葉原ショールームには、20ページでしょうかいしたPALROが展示されているよ。PALROとふれ合って、会話してみよう！

- 住所　東京都千代田区神田練塀町3 富士ソフトビル4階 エントランスフロア
- 電話　050-3000-2720
- 最寄駅　JR線 秋葉原駅 中央改札口から徒歩2分
- 営業時間　9時30分～17時

※土曜・日曜・祝日は営業しておりません。また、年末年始など会社の休日は、ショールームもお休みとなります（年末年始のお休み期間は年により異なります）。
※メンテナンス作業等により、上記以外にも閉鎖中の場合があります。
※見学無料・予約不要。

- ホームページ　http://www.fsi.co.jp/showroom/

サイエンス・スクエア つくば

サイエンス・スクエア つくばでは、国立研究開発法人 産業技術総合研究所が取り組む、さまざまな技術や研究の成果を見学できるよ。28ページでしょうかいしたパロも展示されているので、会いに行こう！

パロに会える！

© 国立研究開発法人 産業技術総合研究所

- 住所　茨城県つくば市東1-1-1 中央第1中央本館1階
- 電話　029-862-6215
- 最寄駅　つくばエクスプレス つくば駅からバス利用 JR常磐線 荒川沖駅からバス利用 など
- 営業時間　9時30分～17時

※毎週月曜日（祝日の場合は翌平日）・年末年始（12/28～1/4）をのぞく。
※休館日以外にも、施設保守等のため臨時休館することがあります。
※見学無料・予約不要（ただし、10名以上の団体の場合は、前平日までに要予約。1団体50名まで）。

- ホームページ　http://www.aist.go.jp/sst/ja/

さくいん

あ行

アイザック・アシモフ ……… 9
『I, Robot』 …………… 9
OWLSIGHT …6,36,37,38,39
アザラシ ……………… 28,30
アニメ ………………… 4,14
移乗支援ロボット ……… 45
移動 ……… 14,30,42,43
イメージセンサー ……… 38
『イリアス』 ……………… 8
インターネット … 21,22,40
映像 ……………………… 38
HSR ……………………… 43
AI ……………… 11,22
『R.U.R.』 ……………… 8
オートマタ ………………… 9
お年寄り ……… 20,21,
　　　23,24,28,33,36,42,43
温度センサー ……………… 30

か行

介護施設 … 2,5,20,31,42,43,44
介護予防 ………………… 20
会話 … 2,13,20,21,23,43,46
学習 ……………………… 39
家庭 ……………… 2,5,42,43
家電 ……………………… 40
カメラ … 13,18,22,23,40,43
からくり人形 ………………… 9
カレル・チャペック ……… 8
患者 ……………………… 40
記憶 ……… 18,21,23,37
危険 ……… 10,13,37,39
キャタピラ ………………… 14
ギリシア神話 ……………… 8
クローラー型 ……………… 14
傾聴対話ロボット ……… 43
健康 ……………………… 20
ことば
　… 8,9,10,11,13,27,28,29,43

さ行

コミュニケーションロボット … 13,20
コンピュータ ………… 11,13

サイエンス・スクエア つくば … 46
産業用ロボット ……… 11,42
実験 ……………………… 40
自動 ……… 8,9,11,12,13,36
車輪 ……………… 14,43
車輪型 ……………………… 14
充電 ……………… 16,29,30
障害物 ……………………… 17
情報 ……… 11,13,18,21,30
触覚センサー ……………… 31
自立歩行アシストロボット … 44
人工筋肉 ……… 32,33,34,35
人工知能
　… 11,12,18,22,30,37,39,43
生活支援ロボット ……… 43
赤外線センサー … 11,19,26,39
赤外線ビーム ……… 38,39
走行ルート ………………… 17

た行

体操 ……………… 20,21,22
多足歩行型 ………………… 14
タッチセンサー ……………… 27
タロス ……………………… 8
段差 ……………… 14,19
ダンス ……………… 21,25
茶運び人形 ………………… 9
超音波センサー ……………… 11
通報 ……………… 37,39
手塚治虫 ……………………… 9
『鉄腕アトム』 ……………… 9

な行

なかま
　… 2,5,13,14,20,24,42,45
名前 ……… 21,23,27,29
二足歩行型 ………………… 14
脳 ……………………… 11
乗り物型 ……………………… 43

は行

パーソナルモビリティロボット … 43
パートナーロボット ……… 42
ハイブリッド型 AI ……… 22
バランス練習アシストロボット … 44
PALRO … 6,20,21,22,23,46
パロ … 6,28,29,30,31,46
Hello! Woonyan 6,24,25,26,27
判断 …… 13,17,19,30,37,38,39
反応 … 22,23,25,27,28,30
光センサー ……………… 30
人型ロボット … 4,9,21,40,42
病院 ……… 2,5,31,44
富士ソフト 秋葉原ショールーム … 46
ペット ……… 13,24,29
ペットロボット ……… 13,24,27
歩行練習アシストロボット … 44
補助 ……… 32,33,42

ま行

マイク ……………… 30,31
マッスルスーツ … 6,32,33,34,35
まんが ……………… 4,9,14
見守り ……… 36,39,42
耳 ……………… 10,11,31
未来 ……… 42,43,45
目 … 10,11,23,25,26,30,38

ら行

理解 ……… 13,28,29,45
ルンバ ……… 6,16,17,18,19
レーダー ………………… 13
レクリエーション ……… 20,21
録画 ……………………… 13
ロボタ ……………………… 8
『ロボット』 ……………… 8
ロボットアーム ……… 40,43
ロボット（工学）三原則 …… 9
ロボティックルーム ……… 40

わ行

『わたしはロボット』 ………… 9

⚙ 監修

東京大学名誉教授

佐藤知正（さとう・ともまさ）

1976 年東京大学大学院工学系研究科
産業機械工学博士課程修了。工学博士。
研究領域は、知的遠隔作業ロボット、
環境型ロボット、地域のロボット。
日本ロボット学会会長を務めるなど、
長年にわたりロボット研究に携わる。

⚙ 監修協力

神奈川県産業振興課
（さがみロボット産業特区）

⚙ スタッフ

装丁・本文デザイン・DTP	HOPBOX
イラスト	HOPBOX、ワタナベ カズコ、里内 遥
撮影	杉能信介、手塚栄一、谷口弘幸
編集協力	TOPPANクロレ株式会社、有限会社オズプランニング

⚙ 協力

アイロボットジャパン合同会社

株式会社イデアクエスト

株式会社イノフィス（東京理科大学発ベンチャー）

株式会社タカラトミー

国立研究開発法人 産業技術総合研究所

トヨタ自動車株式会社

富士ソフト株式会社

（敬称略・五十音順）

社会でがんばるロボットたち
1 家庭や介護でがんばるロボット

2017 年 10 月 30 日　　初版第 1 刷発行
2025 年 1 月 30 日　　　　第 7 刷発行

監　修　　佐藤知正

発行者　　西村保彦

発行所　　鈴木出版株式会社

〒 101-0051　東京都千代田区神田神保町 2-3-1
　　　　　　岩波書店アネックスビル 5F

電話／ 03-6272-8001　FAX ／ 03-6272-8016

振替／ 00110-0-34090

ホームページ　https://suzuki-syuppan.com/

印刷／株式会社ウイル・コーポレーション
©Suzuki Publishing Co.,Ltd. 2017

ISBN 978-4-7902-3329-9 C8053

Published by Suzuki Publishing Co.,Ltd.
Printed in Japan
NDC500 ／ 47p ／ 30.3×21.5cm
乱丁・落丁は送料小社負担でお取り替えいたします